永乐群岛五岛屿植物虫害原色图谱

原|色|图|谱

◎陈 青 梁 晓 伍春玲 等 著

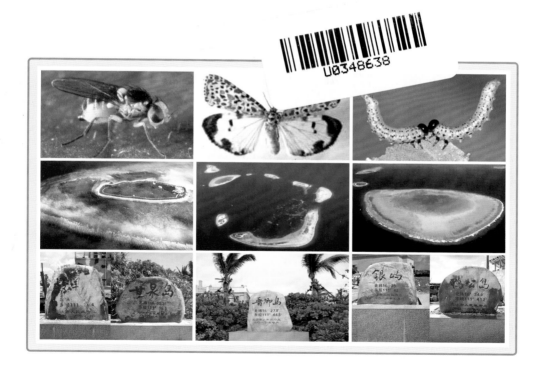

中国农业科学技术出版社

图书在版编目（CIP）数据

永乐群岛五岛屿植物虫害原色图谱 / 陈青等著 . —北京：中国农业科学技术出版社，2021. 1

ISBN 978-7-5116-5159-4

Ⅰ . ①永… Ⅱ . ①陈… Ⅲ . ①西沙群岛—植物虫害—图谱 Ⅳ . ①S433-64

中国版本图书馆 CIP 数据核字（2021）第 025376 号

责任编辑	李　华　崔改泵
责任校对	贾海霞
责任印制	姜义伟　王思文

出 版 者	中国农业科学技术出版社
	北京市中关村南大街12号　　邮编：100081
电　　话	（010）82109708（编辑室）　（010）82109702（发行部）
	（010）82109709（读者服务部）
传　　真	（010）82106650
网　　址	http: // www.castp.cn
经 销 者	各地新华书店
印 刷 者	北京地大天成文化发展有限公司
开　　本	710mm×1 000mm　1/16
印　　张	6.5
字　　数	152千字
版　　次	2021年1月第1版　　2021年1月第1次印刷
定　　价	78.00元

《永乐群岛五岛屿植物虫害原色图谱》

—————— 著者名单 ——————

主　　著：陈　青（中国热带农业科学院环境与植物保护研究所）
　　　　　梁　晓（中国热带农业科学院环境与植物保护研究所）
　　　　　伍春玲（中国热带农业科学院环境与植物保护研究所）

副主著：徐雪莲（中国热带农业科学院环境与植物保护研究所）
　　　　　刘　迎（中国热带农业科学院环境与植物保护研究所）
　　　　　陈　谦（中国热带农业科学院环境与植物保护研究所）
　　　　　唐良德（中国热带农业科学院环境与植物保护研究所）
　　　　　范东哲（中国热带农业科学院环境与植物保护研究所）
　　　　　窦洪双（中国热带农业科学院环境与植物保护研究所）
　　　　　戴好富（中国热带农业科学院热带生物技术研究所）

著　　者：胡美姣（中国热带农业科学院环境与植物保护研究所）
　　　　　李　敏（中国热带农业科学院环境与植物保护研究所）
　　　　　王祝年（中国热带农业科学院热带作物品种资源研究所）
　　　　　王清隆（中国热带农业科学院热带作物品种资源研究所）
　　　　　冼健安（中国热带农业科学院热带生物技术研究所）

前　言

　　海岛作为海上的陆地，是海洋开发的前哨和基地，其优越的地理位置、特殊的战略地位、险要的军事战略要冲、复杂多样和脆弱的生态环境、渔港等丰富的优势资源，以及全方位辐射交往的特殊功能，决定着海岛具有广阔的开发前景。为了科学开发海岛并确保海岛的长期存在，世界各国都十分重视海岛的生态环境保护和持续性系统建设。我国的海岛环境质量调查及评价工作开始较晚，"九五"期间的"全国海岛资源综合调查"是我国首次全国性的大规模有针对性的海岛资源调查，但迄今为止尚未见有关永乐群岛岛礁植物虫害发生与为害状况的报道。目前，随着三沙市西沙群岛旅游业的快速发展，如何有效监控永乐群岛外来有害生物的入侵、定殖扩散与暴发成灾，成为西沙群岛生态环境保护和持续健康开发中亟待解决的重要课题。

　　因此，为适应三沙市海岛资源开发及旅游业产业发展需求，本书针对永乐群岛植物虫害基础信息不清、调查与评估基础薄弱、生物与生态环境安全隐患日趋突出等现实问题，系统介绍了晋卿岛、甘泉岛、银屿、羚羊礁、鸭公岛5个岛屿野生盐生植物、绿色固沙植物、园林绿化植物和耐盐瓜蔬虫害种类、分布与发生为害状况，为深入了解和保护永乐群岛植物资源、岛礁农牧业的深度开发和改善岛礁居住环境提供基础信息支撑。

　　本书能够顺利完成，得到了农业农村部财政专项"南锋专项Ⅱ期"（NFZX-2018）、农业农村部财政项目"热作病虫害监测与防控技术"（151821301082352712）等专项支持，谨此致谢。

　　本书具有良好的针对性和实用性，可为相关科研与教学单位、企业、农技推广部门及当地政府产业发展决策提供重要参考，十分有利于岛礁农牧业持续健康发展中的虫害绿色防控和岛礁居住环境改善升级，具有广泛的行业、社会影响力和良好的应用推广前景。

　　限于著者的知识与专业水平，如有不足之处，敬请广大读者予以指正。

著　者

2020年10月

目　录

第一章

晋卿岛岛礁植物虫害原色图谱

1. 草海桐虫害

大猿叶甲

小猿叶甲

美洲斑潜蝇

黄曲条跳甲

蔷薇三节叶蜂幼虫

蔷薇三节叶蜂成虫

晋卿岛

2. 银毛树虫害

拟三色星灯蛾幼虫

拟三色星灯蛾成虫

拟三色星灯蛾成虫

黄曲条跳甲

大猿叶甲

小猿叶甲

扶桑绵粉蚧

3. 厚藤虫害

朱砂叶螨

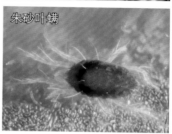

黄曲条跳甲

大猿叶甲

小猿叶甲

晋卿岛

4. 椰子虫害

朱砂叶螨

白蛎蚧

5. 大叶榄仁虫害

小绿叶蝉

蔷薇三节叶蜂幼虫

蔷薇三节叶蜂成虫

大猿叶甲

小猿叶甲

晋卿岛

6. 海岸桐虫害

蔷薇三节叶蜂幼虫

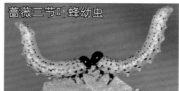

蔷薇三节叶蜂成虫

绿鳞象甲

小绿叶蝉

7. 黄槿虫害

扶桑绵粉蚧

棉蚜

8. 三角梅虫害

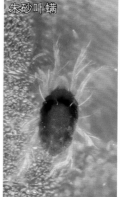

朱砂叶螨

晋卿岛

9. 海滨木巴戟虫害

黄蓟马

棕榈蓟马

绿鳞象甲

小绿叶蝉

大猿叶甲

小猿叶甲

10. 木瓜虫害

朱砂叶螨

晋卿岛

11. 莲雾虫害

绿鳞象甲

小绿叶蝉

大猿叶甲

小猿叶甲

12. 西瓜虫害

棕榈蓟马

黄蓟马

烟粉虱

棉蚜

美洲斑潜蝇

二斑叶螨

黄守瓜

大猿叶甲

小猿叶甲

13. 黄瓜虫害

棕榈蓟马

黄蓟马

美洲斑潜蝇

棉蚜

晋卿岛

14. 冬瓜虫害

美洲斑潜蝇

黄守瓜

大猿叶甲

棉蚜

小猿叶甲

烟粉虱

15. 丝瓜虫害

棕榈蓟马

黄蓟马

美洲斑潜蝇

黄守瓜

烟粉虱

晋卿岛

16. 苦瓜虫害

瓜实蝇

美洲斑潜蝇

棉蚜

棕榈蓟马

黄蓟马

17. 辣椒虫害

棕榈蓟马

黄蓟马

桃蚜

晋
卿
岛

18. 茄子虫害

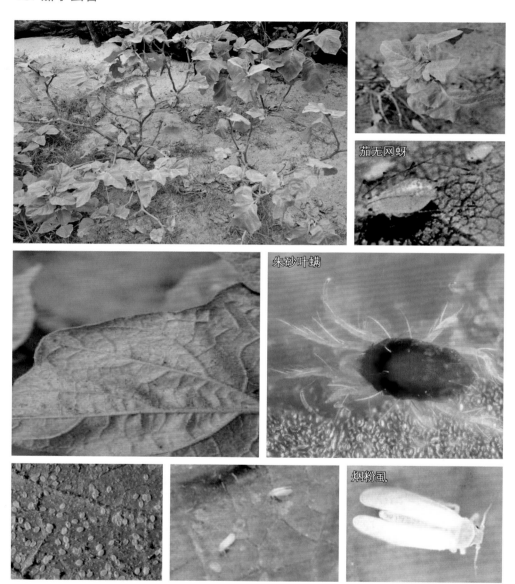

茄无网蚜

朱砂叶螨

烟粉虱

19. 小白菜虫害

黄曲条跳甲

大猿叶甲

小猿叶甲

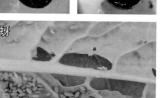

菜蚜

晋卿岛

20. 地瓜虫害

朱砂叶螨

大猿叶甲

小猿叶甲

21. 豇豆虫害

美洲斑潜蝇

晋卿岛

22. 芥菜虫害

黄曲条跳甲

大猿叶甲

小猿叶甲

23. 龙珠果虫害

大猿叶甲

小猿叶甲

美洲斑潜蝇

24. 孪花蟛蜞菊虫害

棉蚜

蔷薇三节叶蜂幼虫

蔷薇三节叶蜂成虫

大猿叶甲

小猿叶甲

美洲斑潜蝇

晋卿岛

25. 长管牵牛虫害

黄曲条跳甲

大猿叶甲

小猿叶甲

烟粉虱

朱砂叶螨

26. 马缨丹虫害

大猿叶甲

小猿叶甲

蔷薇三节叶蜂幼虫

蔷薇三节叶蜂成虫

27. 海滨大戟虫害

尺蠖成虫

尺蠖幼虫

朱砂叶螨

28. 凹头苋虫害

烟粉虱

棕榈蓟马

黄蓟马

朱砂叶螨

29. 羽芒菊虫害

烟粉虱

棕榈蓟马

黄蓟马

朱砂叶螨

棉蚜

晋卿岛

30. 细穗草虫害

黄曲条跳甲

第二章

甘泉岛岛礁植物虫害原色图谱

1. 草海桐虫害

大猿叶甲

小猿叶甲

黄曲条跳甲

美洲斑潜蝇

蔷薇三节叶蜂幼虫

蔷薇三节叶蜂成虫

甘泉岛

2. 银毛树虫害

拟三色星灯蛾幼虫

拟三色星灯蛾成虫

拟三色星灯蛾成虫

黄曲条跳甲

大猿叶甲

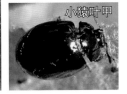

小猿叶甲

3. 厚藤虫害

朱砂叶螨

黄曲条跳甲

大猿叶甲

小猿叶甲

4. 海滨木巴戟虫害

绿鳞象甲

小绿叶蝉

大猿叶甲　小猿叶甲

棕榈蓟马　黄蓟马

蔷薇三节叶蜂幼虫

蔷薇三节叶蜂成虫

5. 椰子虫害

朱砂叶螨

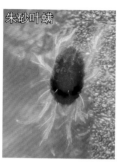

矢尖盾蚧

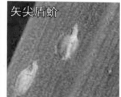

6. 海岸桐虫害

蔷薇三节叶蜂幼虫

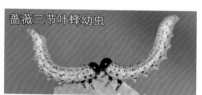

蔷薇三节叶蜂成虫

大猿叶甲

小猿叶甲

绿鳞象甲

小绿叶蝉

甘泉岛

7. 大叶榄仁虫害

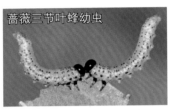
蔷薇三节叶蜂幼虫

蔷薇三节叶蜂成虫

大猿叶甲

小猿叶甲

绿鳞象甲

小绿叶蝉

8. 三角梅虫害

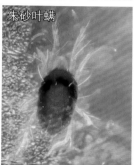

朱砂叶螨

9. 鸡蛋花虫害

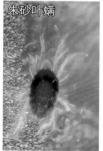

朱砂叶螨

甘泉岛

10. 大叶龙船虫害

绿鳞象甲

大猿叶甲

小猿叶甲

11. 橙花破布木虫害

绿鳞象甲

小绿叶蝉

大猿叶甲

小猿叶甲

12. 酸豆虫害

大猿叶甲

小猿叶甲

甘
泉
岛

13. 剑麻虫害

新菠萝灰粉蚧

14. 马缨丹虫害

大猿叶甲

小猿叶甲

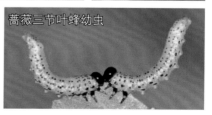
蔷薇三节叶蜂幼虫

蔷薇三节叶蜂成虫

15. 南瓜虫害

瓜实蝇

烟粉虱

棕榈蓟马

黄蓟马

棉蚜

朱砂叶螨

甘泉岛

16. 辣椒虫害

棕榈蓟马

黄蓟马

桃蚜

17. 茄子虫害

大猿叶甲

小猿叶甲

棕榈蓟马

黄蓟马

茄无网蚜

朱砂叶螨

烟粉虱

18. 苋菜虫害

黄曲条跳甲

大猿叶甲

小猿叶甲

烟粉虱

19. 空心菜虫害

大猿叶甲

小猿叶甲

朱砂叶螨

20. 贵妃菜虫害

棉蚜

大猿叶甲

小猿叶甲

21. 海滨大戟虫害

尺蠖成虫

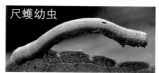

尺蠖幼虫

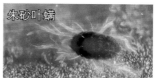

朱砂叶螨

甘泉岛

22. 过江藤虫害

黄曲条跳甲　　大猿叶甲　　小猿叶甲

23. 土牛膝虫害

黄曲条跳甲

大猿叶甲　　小猿叶甲

第三章

银屿岛礁植物虫害原色图谱

1. 草海桐虫害

大猿叶甲

小猿叶甲

黄曲条跳甲

2. 银毛树虫害

大猿叶甲

小猿叶甲

黄曲条跳甲

扶桑绵粉蚧

49

3. 厚藤虫害

朱砂叶螨

黄曲条跳甲

大猿叶甲

小猿叶甲

4. 椰子虫害

红蛎蚧

朱砂叶螨

5. 黄槿虫害

扶桑绵粉蚧

棉蚜

6. 海滨木巴戟虫害

绿鳞象甲

小绿叶蝉

大猿叶甲

小猿叶甲

棕榈蓟马

黄蓟马

7. 红刺露兜虫害

朱砂叶螨

8. 小白菜虫害

美洲斑潜蝇

小猿叶甲　　大猿叶甲

黄曲条跳甲

9. 芸豆虫害

棕榈蓟马

黄蓟马

美洲斑潜蝇

黄曲条跳甲

大猿叶甲

小猿叶甲

10. 萝卜虫害

甘蓝蚜

烟粉虱

美洲斑潜蝇

黄曲条跳甲

大猿叶甲

小猿叶甲

11. 地瓜虫害

大猿叶甲　　　小猿叶甲

朱砂叶螨

12. 海滨大戟虫害

尺蠖成虫

尺蠖幼虫

朱砂叶螨

13. 臭矢菜虫害

大猿叶甲　小猿叶甲　黄曲条跳甲　朱砂叶螨

14. 细穗草虫害

黄曲条跳甲

第四章

羚羊礁岛礁植物虫害原色图谱

1. 草海桐虫害

羚
羊
礁

大猿叶甲

小猿叶甲

美洲斑潜蝇

黄曲条跳甲

2. 银毛树虫害

拟三色星灯蛾幼虫

拟三色星灯蛾成虫

拟三色星灯蛾成虫

黄曲条跳甲

大猿叶甲

小猿叶甲

3. 厚藤虫害

朱砂叶螨

黄曲条跳甲

大猿叶甲

小猿叶甲

4. 椰子虫害

朱砂叶螨

5. 大叶榄仁虫害

棕榈蓟马

黄蓟马

大猿叶甲

小猿叶甲

绿鳞象甲

小绿叶蝉

6. 黄槿虫害

扶桑绵粉蚧

小绿叶蝉

棉蚜

绿鳞象甲

大猿叶甲

小猿叶甲

羚羊礁

7. 海滨木巴戟虫害

拟三色星灯蛾

棕榈蓟马

黄蓟马

大猿叶甲

绿鳞象甲

小绿叶蝉

小猿叶甲

8. 辣椒虫害

棕榈蓟马

黄蓟马

桃蚜

9. 海马齿虫害

朱砂叶螨　　黄曲条跳甲　　大猿叶甲　　小猿叶甲

10. 过江藤虫害

黄曲条跳甲

大猿叶甲

小猿叶甲

11. 土牛膝虫害

大猿叶甲

小猿叶甲

蔷薇三节叶蜂幼虫

黄曲条跳甲

美洲斑潜蝇

蔷薇三节叶蜂成虫

12. 臭矢菜虫害

朱砂叶螨

大猿叶甲

小猿叶甲

13. 细穗草虫害

黄曲条跳甲

第五章

鸭公岛岛礁植物虫害原色图谱

1. 草海桐虫害

棉蚜

美洲斑潜蝇

黄曲条跳甲

大猿叶甲

小猿叶甲

鸭公岛

2. 银毛树虫害

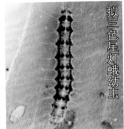

拟三色星灯蛾幼虫

拟三色星灯蛾成虫

拟三色星灯蛾成虫

黄曲条跳甲

大猿叶甲

小猿叶甲

3. 椰子虫害

鸭公岛

朱砂叶螨

4. 黄槿虫害

扶桑绵粉蚧

棉蚜

绿鳞象甲

大猿叶甲

小猿叶甲

5. 长管牵牛虫害

美洲斑潜蝇

绿鳞象甲

朱砂叶螨

大猿叶甲

小猿叶甲

棕榈蓟马

黄蓟马

永乐群岛5个岛屿害虫普查及安全性评估

陈　青　梁　晓　伍春玲　陈　谦

（中国热带农业科学院环境与植物保护研究所/农业农村部热带作物有害生物
综合治理重点实验室/海南省热带农业有害生物监测与控制重点实验室/海南省
热带作物病虫害生物防治工程技术研究中心，海口　571101）

摘　要：永乐群岛岛礁植物虫害发生与为害状况迄今未见报道。为了有效监控永乐群岛外来有害生物的入侵、定殖扩散与暴发成灾，本研究对永乐群岛5个岛屿的害虫进行了系统性普查及安全性评估。结果表明，永乐群岛5个岛屿99种野生盐生植物、绿色固沙植物、耐盐果蔬上共查获害虫（螨）84种，其中，晋卿岛38种植物上共发现26种害虫（螨）发生为害；甘泉岛30种植物上共发现20种害虫（螨）发生为害；银屿16种植物上共发现14种害虫（螨）发生为害；鸭公岛5种植物上共发现12种害虫（螨）发生为害；羚羊礁10种植物上共发现12种害虫（螨）发生为害。调查首次发现扶桑绵粉蚧（*Phenacoccus solenopsis*）、新菠萝灰粉蚧（*Dysmicoccus neobrevipes*）、美洲斑潜蝇（*Liriomyza sativae*）、拟三色星灯蛾（*Utetheisa lotrix*）、蔷薇三节叶蜂（*Arge geei*）、榕蓟马（*Gynaikothrips ficorum*）、朱砂叶螨（*Tetranychus cinnabarinus*）等危险性害虫在5个岛屿32种植物上严重发生和为害。针对国家检疫性毁灭性害虫扶桑绵粉蚧、新菠萝灰粉蚧安全性评估结果表明，这2种害虫的风险评估指数R值分别为2.21和2.23，在永乐群岛均属于高度危险有害生物，应严格管控。本研究对可持续防控永乐群岛岛礁植物虫害的发生与为害、保护生态环境、保障当地宜居环境和岛礁作物安全生产，均具有十分重要的理论与实际意义。

关键词：永乐群岛；害虫普查；安全性评估

基金项目　农业农村部"南锋专项Ⅱ期""南海典型岛礁植物虫害调查与评估"（NFZX—2018）；海南省重点研发计划项目"新型节本增效轻简化橡胶钻蛀性鞘翅目害虫诱捕器研发与应用"（No. ZDYF2018037）和"辣椒化肥农药减施增效综合技术研究与示范"（No. ZDYF2018238）。
作者简介　陈青（1971—　），男，博士，研究员，研究方向：农业昆虫与害虫防治。

Pest Survey and Safety Assessment on Five Islands of Yongle Archipelago

Chen Qing　Liang Xiao　Wu Chunling　Chen Qian

（Environment and Plant Protection Institute，Chinese Academy of Tropical Agricultural Sciences / Key Laboratory of Integrated Pest Management on Tropical Crops，Ministry of Agriculture and Rural Affairs / Hainan Key Laboratory for Monitoring and Control of Tropical Agricultural Pests / Hainan Engineering Research Center for Biological Control of Tropical Crops Diseases and Insect Pests，Haikou 571101，China）

Abstract：The occurrence and damage of plant pests on the islands of Yongle Archipelago have not been reported so far. In order to effectively monitor the invasion，colonization，diffusion and outbreak of exotic pests in Yongle Archipelago，a systematic survey and safety assessment of pests in the five islands of Yongle Archipelago were conducted. The results showed that 84 pests（mites）were found on 99 species of wild halophytes，green sand-fixing plants and salt-tolerant fruit/vegetable crops in the five islands，of which 26 pests（mites）were found on 38 plants in Jinqing Island，20 pests（mites）were found on 30 plants in Ganquan Island，14 pests（mites）were found on 16 plants in Yinyu Island，12 pests（mites）were found on 5 plants on Yagong Island and 12 pests were found on 10 plants of Antelope Reef. The above results are the first reports of plant pests（mites）on the five islands of Yongle Archipelago. In present survey，*Phenacoccus solenopsis*，*Dysmicoccus neobrevipes*，*Liriomyza sativae*，*Utetheisa lotrix*，*Arge geei*，*Gynaikothrips ficorum* and *Tetranychus cinnabarinus* were first found to seriously infested 32 species of plants on the five islands. In addition，according to the safety assessment results of the national quarantine destructive pests，*Michelia fusanensis* and *M. neopineapple*，the risk assessment indices R of the two pests was 2.21 and 2.23，respectively. They were highly dangerous pests in Yongle Islands and should be strictly controlled. This study is of important theoretical and practical significance for the sustainable prevention and control of plant pests，the ecological environment as well as the crop safety on Yongle Archipelago.

Key words：Yongle Archipelago；Pest survey；Safety assessment

海岛作为海上的陆地，是海洋开发的前哨和基地，其优越的地理位置、特殊的战略地位、险要的军事战略要冲、复杂多样和脆弱的生态环境、渔港等丰富的优势资源以及全方位辐射交往的特殊功能，决定着海岛具有广阔的开发前景[1-3]。为了科学开发海岛并确保海岛的长期存在，世界各国都十分重视海岛的生态环境保护和持续性系统建设[4]。我国的海岛环境质量调查及评价工作开始较晚，"九五"期间的"全国海岛资源综合调查"是我国首次全国性的大规模有针对性的海岛资源调查[5]。2000年，杨文鹤教授将我国海岛自然环境状况、环境质量状况等编入《中国海岛》一书中[6]，但关于海南省三沙市西沙群岛中的永乐群岛自然环境保护及岛礁植物虫害发生与为害状况迄今未见报道。目前，随着西沙群岛旅游业的快速发展，如何有效监控永乐群岛外来有害生物的入侵、定殖扩散与暴发成灾，成为西沙群岛生态环境保护和持续健康开发建设中亟待解决的重要问题[7]。因此，适应三沙市海岛资源开发及旅游业产业发展需求，急需对永乐群岛岛礁植物害虫的分布、为害情况、潜在为害性等进行普查摸底，并在此基础上开展其风险评估和风险管理工作。这对可持续防控永乐群岛岛礁植物虫害的发生与为害、保护生态环境、保障当地宜居环境和岛礁作物安全生产均具有十分重要的理论与实际意义。

1 材料与方法

1.1 普查区域概况

晋卿岛（16°27′51″N，111°44′17″E）、甘泉岛（16°30′28″N，111°35′10″E）、银屿（16°35′03″N，111°42′39″E）、羚羊礁（16°27′35″N，111°35′06″E）、鸭公岛（16°34′25″N，111°41′16″E）共5个岛屿的所有陆地区域。

1.2 方法

1.2.1 普查技术

参考《木薯外来入侵害虫普查及其安全性考察技术方案》[8]。

1.2.2 安全性评估

根据《入侵物种安全性评估调查表》[9]和我国农林有害生物的危险性综合评价标准[10]，就4种外来入侵物种在国内外分布情况、潜在为害性、受害栽培寄主的经济重要性、传播的可能性、风险管理的难度等项目进行评估，然后应用"PRA评估模型"计算综合风险值R[11-12]。

2　结果与分析

2.1　晋卿岛岛礁植物虫害发生情况

通过普查，在晋卿岛38种野生盐生植物、绿色固沙植物、耐盐果蔬上共查获害虫、害螨26种，其中害虫24种、害螨2种。首次发现扶桑绵粉蚧（*Phenacoccus solenopsis*）在野生盐生植物银毛树、绿色固沙植物黄槿和耐盐蔬菜茄子上严重发生与为害；白蛎蚧（*Aonidomytilus albus*）在绿色固沙植物椰子上严重发生与为害；小绿叶蝉（*Empoasca flavescens*）在野生盐生植物海岸桐、海滨木巴戟、臭矢菜上严重发生与为害；美洲斑潜蝇（*Liriomyza sativae*）在野生盐生植物草海桐和耐盐瓜菜西瓜、丝瓜、冬瓜、苦瓜、地瓜上严重发生与为害；拟三色星灯蛾（*Utetheisa lotrix*）在野生盐生植物银毛树上严重发生与为害；潜叶蛾在绿色固沙植物马缨丹、大叶榄仁上严重发生与为害；蔷薇三节叶蜂（*Arge geei*）在野生盐生植物草海桐上严重发生与为害；小猿叶甲（*Phaedon brassicae*）和大猿叶甲（*Colaphellus bowringi*）在野生盐生植物厚藤、草海桐和绿色固沙植物长管牵牛、马缨丹及耐盐瓜菜小白菜、大白菜、菜心、地瓜上严重发生与为害；绿鳞象甲（*Hypomeces squamosus*）在野生盐生植物海滨木巴戟和绿色固沙植物莲雾、大叶榄仁上严重发生与为害；黄曲条跳甲（*Phyllotreta striolata*）在耐盐蔬菜小白菜、大白菜、菜心上严重发生与为害；朱砂叶螨（*Tetranychus cinnabarinus*）在野生盐生植物厚藤、海滨大戟、羽芒菊、凹头苋、黄细心、飞扬草和绿色固沙植物椰子、三角梅、长管牵牛及耐盐果蔬西瓜、丝瓜、冬瓜、茄子、木瓜上严重发生与为害。上述害虫（螨）发生为害均为晋卿岛岛礁植物虫害发生情况首次报道。晋卿岛岛礁植物虫害发生情况普查结果见表1。

表1　晋卿岛野生盐生植物、绿色固沙植物、耐盐果蔬虫害普查结果

Tab. 1　Survey results of pests of wild halophytes，sand-fixing green plants and salt-tolerant fruit/vegetable crops in Jinqing Island

序号 No.	害虫、害螨 Pests and mites	分类 Order	为害植物 Damaged plant	为害程度 Damaged level
1	扶桑绵粉蚧 P. solenopsis	同翅目	野生盐生植物：银毛树	++++
			绿色固沙植物：黄槿	++++
			耐盐蔬菜：茄子	++++
2	白蛎蚧 A. albus	同翅目	绿色固沙植物：椰子	++++
3	小绿叶蝉 E. flavescens	同翅目	野生盐生植物：海岸桐、海滨木巴戟、臭矢菜	++++
4	烟粉虱 Bemisia tabaci	同翅目	野生盐生植物：凹头苋	+
			绿色固沙植物：长管牵牛	+
			耐盐瓜菜：西瓜、丝瓜、冬瓜、茄子	+
5	棉蚜 A. gossypii	同翅目	野生盐生植物：羽芒菊、臭矢菜	+
			绿色固沙植物：黄槿、李花螽蟖菊	+
			耐盐瓜菜：西瓜、丝瓜、冬瓜、茄子	+
6	桃蚜 Myzus persicae	同翅目	野生盐生植物：羽芒菊、臭矢菜	+
			绿色固沙植物：李花螽蟖菊	+
7	菜缢管蚜 Lipaphis erysimi	同翅目	耐盐蔬菜：小白菜、大白菜、菜心	+
8	美洲斑潜蝇 L. sativae	双翅目	野生盐生植物：草海桐	++++
			耐盐瓜菜：西瓜、丝瓜、冬瓜、苦瓜、地瓜	++++
			绿色固沙植物：李花螽蟖菊、少花龙葵	+
9	瓜实蝇 Bactrocera cucuribitae	双翅目	耐盐瓜菜：西瓜、丝瓜、冬瓜、苦瓜	+
10	蔷薇三节叶蜂 A. geei	膜翅目	野生盐生植物：草海桐	++++
			野生盐生植物：海岸桐	+
			绿色固沙植物：李花螽蟖菊	+
11	小猿叶甲 P. brassicae	鞘翅目	野生盐生植物：厚藤、草海桐	++++
			绿色固沙植物：长管牵牛、马缨丹	++++
			耐盐蔬菜：小白菜、大白菜、菜心、地瓜	++++
			野生盐生植物：银毛树、海岸桐、龙珠果、少花龙葵、海滨木巴戟、羽芒菊、臭矢菜	+

（续表）

序号 No.	害虫、害螨 Pests and mites	分类 Order	为害植物 Damaged plant	为害程度 Damaged level
			绿色固沙植物：李花鳞蜞菊、飞扬草、黄细心、假马鞭、蓖麻、喙果茄木、柑橘	+
			耐盐果蔬：西瓜、丝瓜、冬瓜、茄子、木瓜	+
12	大猿叶甲 C. bowringi	鞘翅目	野生盐生植物：厚藤、草海桐	++++
			绿色固沙植物：长管牵牛、马缨丹	++++
			耐盐蔬菜：小白菜、大白菜、菜心、地瓜	++++
			野生盐生植物：银毛树、海岸桐、龙珠果、少花龙葵、海滨木巴戟、羽芒菊、臭矢菜	+
			绿色固沙植物：李花鳞蜞菊、飞扬草、黄细心、假马鞭、蓖麻、喙果茄木、柑橘	+
			耐盐果蔬：西瓜、丝瓜、冬瓜、茄子、木瓜	+
13	黄曲条跳甲 P. striolata	鞘翅目	耐盐蔬菜：小白菜、大白菜、菜心	++++
			野生盐生植物：草海桐、厚藤、银毛树、金丝草、凹头苋、羽芒菊、臭矢菜、飞扬草、黄细心、假马鞭	+
			绿色固沙植物：红雀珊瑚、马缨丹	+
			耐盐果蔬：西瓜、丝瓜、冬瓜、茄子、木瓜、地瓜	+
14	绿鳞象甲 H. squamosus	鞘翅目	野生盐生植物：海滨木巴戟	++++
			绿色固沙植物：莲雾、大叶榄仁	++++
15	象鼻虫 Liophloeus tessulatus	鞘翅目	绿色固沙植物：罗汉松	+
16	拟三色星灯蛾 U. lotrix	鳞翅目	野生盐生植物：银毛树	++++
17	潜叶蛾 Phyllocnistis citrella	鳞翅目	绿色固沙植物：马缨丹、大叶榄仁	++++
18	斜纹夜蛾 Spodoptera litura	鳞翅目	绿色固沙植物：蓖麻	+
19	油桐尺蠖 Buasra suppressaria	鳞翅目	野生盐生植物：海滨大戟	+
20	毛眼灰蝶 Zizina otis	鳞翅目	野生盐生植物：凹头苋	+
21	棕榈蓟马 Thrips palmi	缨翅目	野生盐生植物：凹头苋、羽芒菊、海滨木巴戟	+
			耐盐瓜菜：西瓜、丝瓜、冬瓜、茄子	+
22	黄蓟马 Thrips flavus	缨翅目	野生盐生植物：凹头苋、羽芒菊、海滨木巴戟	+
			耐盐瓜菜：西瓜、丝瓜、冬瓜、茄子	+

（续表）

序号 No.	害虫、害螨 Pests and mites	分类 Order	为害植物 Damaged plant	为害程度 Damaged level
23	烟蓟马 *Thrips tabaci*	缨翅目	野生盐生植物：凹头苋、羽芒菊、海滨木巴戟	+
			耐盐瓜菜：西瓜、丝瓜、冬瓜、茄子	+
24	短额负蝗 *Atractomorpha sinensis*	直翅目	耐盐蔬菜：小白菜	+
25	朱砂叶螨 *T. cinnabarinus*	真螨目	野生盐生植物：厚藤、海滨大戟、羽芒菊、凹头苋、黄细心、飞扬草	++++
			绿色固沙植物：椰子、三角梅、长管牵牛、假马鞭	++++
			耐盐果蔬：西瓜、丝瓜、冬瓜、茄子、木瓜	++++
26	皮氏叶螨 *Tetranychus piercei*	真螨目	绿色固沙植物：旅人蕉	+

注："++++"非常严重为害，"+++"严重为害，"++"中度为害，"+"轻度为害。

2.2 甘泉岛岛礁植物虫害发生情况

通过普查，在甘泉岛30种野生盐生植物、绿色固沙植物、耐盐蔬菜上共查获害虫、害螨20种，其中害虫19种、害螨1种。首次发现新菠萝灰粉蚧（*D. neobrevipes*）在剑麻上严重发生与为害；白蛎蚧（*A. albus*）在绿色固沙植物椰子上严重发生与为害；小绿叶蝉（*E. flavescens*）在野生盐生植物橙花破布木、海岸桐、海滨木巴戟和耐盐蔬菜茄子上严重发生与为害；美洲斑潜蝇（*L. sativae*）在野生盐生植物草海桐、土牛膝和耐盐蔬菜南瓜、地瓜上严重发生与为害；小猿叶甲（*P. brassicae*）和大猿叶甲（*C. bowringi*）在野生盐生植物厚藤、草海桐、过江藤、土牛膝和绿色固沙植物马缨丹及耐盐蔬菜苋菜、萝卜、空心菜、小白菜、地瓜上严重发生与为害；拟三色星灯蛾（*U. lotrix*）在野生盐生植物银毛树上严重发生与为害；潜叶蛾在绿色固沙植物马缨丹、大叶榄仁上严重发生与为害；朱砂叶螨（*T. cinnabarinus*）在野生盐生植物厚藤、橙花破布木和绿色固沙植物椰子及耐盐蔬菜南瓜、地瓜、空心菜、茄子上严重发生与为害。上述害虫（螨）发生为害均为甘泉岛岛礁植物虫害发生情况首次报道。甘泉岛岛礁植物虫害发生情况普查结果见表2。

表2 甘泉岛野生盐生植物、绿色固沙植物、耐盐蔬菜虫害普查结果

Tab. 2 Survey results of pests of wild halophytes，sand-fixing green plants and salt-tolerant vegetables in Ganquan Island

序号 No.	害虫、害螨 Pests and mites	分类 Order	为害植物 Damaged plant	为害程度 Damaged level
1	新菠萝灰粉蚧 D. neobrevipes	同翅目	绿色固沙植物：剑麻	++++
2	白蛎蚧 A. albus	同翅目	绿色固沙植物：椰子	++++
3	小绿叶蝉 E. flavescens	同翅目	野生盐生植物：橙花破布木、海岸桐、海滨木巴戟	++++
			耐盐蔬菜：茄子	++++
4	烟粉虱 B. tabaci	同翅目	耐盐蔬菜：苋菜、萝卜、小白菜、茄子	+
5	棉蚜 A. gossypii	同翅目	野生盐生植物：土牛膝	+
			耐盐蔬菜：南瓜、贵妃菜、茄子	+
6	桃蚜 M. persicae	同翅目	野生盐生植物：土牛膝	+
			耐盐蔬菜：辣椒、贵妃菜	+
7	菜缢管蚜 L. erysimi	同翅目	耐盐蔬菜：小白菜	+
8	美洲斑潜蝇 L. sativae	双翅目	野生盐生植物：草海桐、土牛膝	++++
			耐盐蔬菜：南瓜、地瓜	++++
9	瓜实蝇 Bactrocera cucuribitae	双翅目	耐盐蔬菜：南瓜	+
10	蔷薇三节叶蜂 A. geei	膜翅目	野生盐生植物：草海桐	++++
			野生盐生植物：海岸桐、橙花破布木、海滨木巴戟	+
			绿色固沙植物：大叶榄仁	+
11	小猿叶甲 P. brassicae	鞘翅目	野生盐生植物：厚藤、草海桐、过江藤、土牛膝	++++
			绿色固沙植物：马缨丹	++++
			耐盐蔬菜：苋菜、萝卜、空心菜、小白菜、地瓜	++++
			野生盐生植物：银毛树、橙花破布木、海岸桐、海滨大戟、土牛膝、假茉莉、海滨木巴戟	+
			绿色固沙植物：酸豆、单叶蔓荆、假马鞭	+
			耐盐蔬菜：辣椒、贵妃菜、茄子	+
12	大猿叶甲 C. bowringi	鞘翅目	野生盐生植物：厚藤、草海桐、过江藤、土牛膝	++++
			绿色固沙植物：马缨丹	++++
			耐盐蔬菜：苋菜、萝卜、空心菜、小白菜、地瓜	++++

（续表）

序号 No.	害虫、害螨 Pests and mites	分类 Order	为害植物 Damaged plant	为害程度 Damaged level
			野生盐生植物：银毛树、橙花破布木、海岸桐、海滨大戟、土牛膝、假茉莉、海滨木巴戟	+
			绿色固沙植物：酸豆、单叶蔓荆、假马鞭	+
			耐盐蔬菜：辣椒、贵妃菜、茄子	+
13	黄曲条跳甲 *P. striolata*	鞘翅目	耐盐蔬菜：苋菜、萝卜、空心菜、小白菜	++++
			野生盐生植物：银毛树、土牛膝	++++
			野生盐生植物：草海桐、厚藤、过江藤、金丝草、假马鞭	+
			绿色固沙植物：马缨丹、单叶蔓荆	+
14	绿鳞象甲 *H. squamosus*	鞘翅目	野生盐生植物：海滨木巴戟、橙花破布木、海岸桐	+
			绿色固沙植物：大叶榄仁、酸豆	+
15	拟三色星灯蛾 *U. lotrix*	鳞翅目	野生盐生植物：银毛树	++++
16	潜叶蛾 *P. citrella*	鳞翅目	绿色固沙植物：马缨丹、大叶榄仁	++++
17	斜纹夜蛾 *S. litura*	鳞翅目	野生盐生植物：橙花破布木	+
			绿色固沙植物：马缨丹	+
18	棕榈蓟马 *T. palmi*	缨翅目	野生盐生植物：海滨木巴戟、海滨大戟、土牛膝	+
			耐盐蔬菜：茄子	+
19	黄蓟马 *T. flavus*	缨翅目	野生盐生植物：海滨木巴戟、海滨大戟、土牛膝	+
			耐盐蔬菜：茄子	+
20	朱砂叶螨 *T. cinnabarinus*	真螨目	野生盐生植物：厚藤、橙花破布木	++++
			绿色固沙植物：椰子	++++
			耐盐蔬菜：南瓜、地瓜、空心菜、茄子	++++
			野生盐生植物：海岸桐、过江藤	+
			绿色固沙植物：马缨丹、三角梅、鸡蛋花、假马鞭、单叶蔓荆	+

注："++++"非常严重为害，"+++"严重为害，"++"中度为害，"+"轻度为害。

2.3　银屿岛礁植物虫害发生情况

通过普查，在银屿16种野生盐生植物、绿色固沙植物、耐盐蔬菜上共查获害虫、害螨14种，其中害虫12种、害螨2种。首次发现扶桑绵粉蚧（*P. solenopsis*）在野生盐生植物银毛树上严重发生与为害；矢尖盾蚧（*Unaspis yanonensis*）在绿色固沙植物椰子和红刺露兜上严重发生与为害；美洲斑潜蝇（*L. sativae*）在野生盐生植物草海桐和耐盐蔬菜小白菜、菜心、萝卜、大白菜上严重发生与为害；小猿叶甲（*P. brassicae*）和大猿叶甲（*C. bowringi*）在野生盐生植物厚藤、草海桐上严重发生与为害；黄曲条跳甲（*P. striolata*）在野生盐生植物银毛树和耐盐蔬菜菜心上严重发生与为害；榕蓟马（*G. ficorum*）在绿色固沙植物海滨木巴戟、大叶榄仁上严重发生与为害；拟三色星灯蛾（*U. lotrix*）在野生盐生植物银毛树上严重发生与为害；朱砂叶螨（*T. cinnabarinus*）在野生盐生植物厚藤、海滨大戟和绿色固沙植物椰子、红刺露兜及耐盐蔬菜地瓜上严重发生与为害。上述害虫（螨）发生为害均为银屿岛礁植物虫害发生情况首次报道。银屿岛礁植物虫害发生情况普查结果见表3。

表3　银屿野生盐生植物、绿色固沙植物、耐盐蔬菜虫害普查结果

Tab. 3　**Survey results of pests of wild halophytes，sand-fixing green plants and salt-tolerant vegetables in Yinyu Island**

序号 No.	害虫、害螨 Pests and mites	分类 Order	为害植物 Damaged plant	为害程度 Damaged level
1	扶桑绵粉蚧 *P. solenopsis*	同翅目	野生盐生植物：银毛树	++++
2	矢尖盾蚧 *U. yanonensis*	同翅目	绿色固沙植物：椰子、红刺露兜	++++
3	小绿叶蝉 *E. flavescens*	同翅目	绿色固沙植物：海滨木巴戟、大叶榄仁	+
4	烟粉虱 *B. tabaci*	同翅目	耐盐蔬菜：萝卜、小白菜、大白菜	+
5	菜缢管蚜 *Lipaphis erysimi*	同翅目	耐盐蔬菜：萝卜、小白菜、大白菜、菜心	+
6	美洲斑潜蝇 *L. sativae*	双翅目	野生盐生植物：草海桐	++++
			耐盐蔬菜：萝卜、小白菜、大白菜、菜心	++++
7	小猿叶甲 *P. brassicae*	鞘翅目	野生盐生植物：厚藤、草海桐	++++
			野生盐生植物：银毛树、海滨大戟、臭矢菜	+
			绿色固沙植物：海滨木巴戟、大叶榄仁	+
			耐盐蔬菜：小白菜、菜心、萝卜、大白菜、地瓜	+
8	大猿叶甲 *C. bow-ringi*	鞘翅目	野生盐生植物：厚藤、草海桐	++++
			野生盐生植物：银毛树、海滨大戟、臭矢菜	+

（续表）

序号 No.	害虫、害螨 Pests and mites	分类 Order	为害植物 Damaged plant	为害程度 Damaged level
			绿色固沙植物：海滨木巴戟、大叶榄仁	+
			耐盐蔬菜：小白菜、菜心、萝卜、大白菜、地瓜	+
9	黄曲条跳甲 *P. striolata*	鞘翅目	耐盐蔬菜：菜心	++++
			野生盐生植物：银毛树	++++
			野生盐生植物：草海桐、厚藤、金丝草	+
			耐盐蔬菜：小白菜、菜心、萝卜、大白菜、地瓜	+
10	绿鳞象甲 *H. squamosus*	鞘翅目	绿色固沙植物：海滨木巴戟、大叶榄仁	+
11	拟三色星灯蛾 *U. lotrix*	鳞翅目	野生盐生植物：银毛树	++++
12	榕蓟马 *G. ficorum*	缨翅目	绿色固沙植物：海滨木巴戟、大叶榄仁	++++
13	朱砂叶螨 *T. cinnabarinus*	真螨目	野生盐生植物：厚藤、海滨大戟	++++
			绿色固沙植物：椰子、红刺露蔸	++++
			耐盐蔬菜：地瓜	++++
14	皮氏叶螨 *T. piercei*	真螨目	绿色固沙植物：旅人蕉	+

注："++++"非常严重为害，"+++"严重为害，"++"中度为害，"+"轻度为害。

2.4　鸭公岛岛礁植物虫害发生情况

通过普查，在鸭公岛5种野生盐生植物和绿色固沙植物上共查获害虫、害螨12种，其中害虫11种、害螨1种。首次发现扶桑绵粉蚧（*P. solenopsis*）和绿鳞象甲（*H. squamosus*）在绿色固沙植物黄槿上严重发生与为害；矢尖盾蚧（*U. yanonensis*）在绿色固沙植物椰子上严重发生与为害；棉蚜（*A. gossypii*）在野生盐生植物草海桐和绿色固沙植物黄槿上严重发生与为害；美洲斑潜蝇（*L. sativae*）在野生盐生植物草海桐和绿色固沙植物长管牵牛上严重发生与为害；拟三色星灯蛾（*U. lotrix*）在野生盐生植物银毛树上严重发生与为害；小猿叶甲（*P. brassicae*）和大猿叶甲（*C. bowringi*）在野生盐生植物草海桐上严重发生与为害；朱砂叶螨（*T. cinnabarinus*）在绿色固沙植物椰子、长管牵牛上严重发生与为害。上述害虫（螨）发生为害均为鸭公岛岛礁植物虫害发生情况首次报道。鸭公岛岛礁植物虫害发生情况普查结果见表4。

表4　鸭公岛野生盐生植物、绿色固沙植物虫害普查结果

Tab. 4　Survey results of pests of wild halophytes and sand-fixing green plants in Yagong Island

序号 No.	害虫、害螨 Pests and mites	分类 Order	为害植物 Damaged plant	为害程度 Damaged level
1	扶桑绵粉蚧 *P. solenopsis*	同翅目	绿色固沙植物：黄槿	++++
2	矢尖盾蚧 *U. yanonensis*	同翅目	绿色固沙植物：椰子	++++
3	小绿叶蝉 *E. flavescens*	同翅目	绿色固沙植物：黄槿	+
4	棉蚜 *A. gossypii*	同翅目	野生盐生植物：草海桐	++++
			绿色固沙植物：黄槿	++++
5	美洲斑潜蝇 *L. sativae*	双翅目	野生盐生植物：草海桐	++++
			绿色固沙植物：长管牵牛	++++
6	小猿叶甲 *P. brassicae*	鞘翅目	野生盐生植物：草海桐	++++
			野生盐生植物：银毛树	+
			绿色固沙植物：黄槿、长管牵牛	+
7	大猿叶甲 *C. bowringi*	鞘翅目	野生盐生植物：草海桐	++++
			野生盐生植物：银毛树	+
			绿色固沙植物：黄槿、长管牵牛	+
8	黄曲条跳甲 *P. striolata*	鞘翅目	野生盐生植物：草海桐、银毛树	+
			绿色固沙植物：长管牵牛	+
9	绿鳞象甲 *H. squamosus*	鞘翅目	绿色固沙植物：黄槿、长管牵牛	++++
10	拟三色星灯蛾 *U. lotrix*	鳞翅目	野生盐生植物：银毛树	++++
11	油桐尺蠖 *B. suppressaria*	鳞翅目	绿色固沙植物：黄槿	+
12	朱砂叶螨 *T. cinnabarinus*	真螨目	绿色固沙植物：椰子、长管牵牛	++++

注："++++"非常严重为害，"+++"严重为害，"++"中度为害，"+"轻度为害。

2.5　羚羊礁岛礁植物虫害发生情况

通过普查，在羚羊礁10种野生盐生植物和绿色固沙植物上共查获害虫、害螨12种，其中害虫11种、害螨1种。首次发现扶桑绵粉蚧（*P. solenopsis*）在

野生盐生植物绿色固沙植物黄槿、大叶榄仁上严重发生与为害；矢尖盾蚧（*U. yanonensis*）在绿色固沙植物椰子上严重发生与为害；美洲斑潜蝇（*L. sativae*）及小猿叶甲（*P. brassicae*）、大猿叶甲（*C. bowringi*）在野生盐生植物草海桐上严重发生与为害；拟三色星灯蛾（*U. lotrix*）和黄曲条跳甲（*P. striolata*）在野生盐生植物银毛树上严重发生与为害；朱砂叶螨（*T. cinnabarinus*）在野生盐生植物厚藤和绿色固沙植物椰子上严重发生与为害。上述害虫（螨）发生为害均为羚羊礁岛礁植物虫害发生情况首次报道。羚羊礁岛礁植物虫害发生情况普查结果见表5。

表5　羚羊礁野生盐生植物、绿色固沙植物虫害普查结果
Tab. 5　Survey results of pests of wild halophytes and sand-fixing green plants in Antelope Reef

序号 No.	害虫、害螨 Pests and mites	分类 Order	为害植物 Damaged plant	为害程度 Damaged level
1	扶桑绵粉蚧 *P. solenopsis*	同翅目	绿色固沙植物：黄槿、大叶榄仁	++++
2	矢尖盾蚧 *U. yanonensis*	同翅目	绿色固沙植物：椰子	++++
3	小绿叶蝉 *E. flavescens*	同翅目	绿色固沙植物：海滨木巴戟、黄槿、大叶榄仁	+
4	棉蚜 *A. gossypii*	同翅目	绿色固沙植物：黄槿、大叶榄仁	+
5	美洲斑潜蝇 *L. sativae*	双翅目	野生盐生植物：草海桐	++++
6	小猿叶甲 *P. brassicae*	鞘翅目	野生盐生植物：草海桐	++++
			野生盐生植物：银毛树、厚藤、羽芒菊、飞扬草、海马齿	+
			绿色固沙植物：海滨木巴戟、黄槿、大叶榄仁	+
7	大猿叶甲 *C. bowringi*	鞘翅目	野生盐生植物：草海桐	++++
			野生盐生植物：银毛树、厚藤、羽芒菊、飞扬草、海马齿	+
			绿色固沙植物：海滨木巴戟、黄槿、大叶榄仁	+
8	黄曲条跳甲 *P. striolata*	鞘翅目	野生盐生植物：银毛树	++++
			野生盐生植物：草海桐、厚藤、羽芒菊、飞扬草、海马齿	+
9	绿鳞象甲 *H. squamosus*	鞘翅目	绿色固沙植物：海滨木巴戟、黄槿、大叶榄仁	+
10	拟三色星灯蛾 *U. lotrix*	鳞翅目	野生盐生植物：银毛树	++++
11	榕蓟马 *G. ficorum*	缨翅目	绿色固沙植物：海滨木巴戟、大叶榄仁	+

（续表）

序号 No.	害虫、害螨 Pests and mites	分类 Order	为害植物 Damaged plant	为害程度 Damaged level
12	朱砂叶螨 *T. cinnabarinus*	真螨目	野生盐生植物：厚藤	++++
			绿色固沙植物：椰子	++++
			野生盐生植物：羽芒菊、飞扬草、海马齿	+

注："++++"非常严重为害，"+++"严重为害，"++"中度为害，"+"轻度为害。

2.6 国家检疫性毁灭性害虫扶桑绵粉蚧、新菠萝灰粉蚧安全性评估

通过对永乐群岛5岛屿扶桑绵粉蚧（*P. solenopsis*）、新菠萝灰粉蚧（*D. neobrevipes*）的安全性考察，发现扶桑绵粉蚧在晋卿岛和银屿的野生盐生植物银毛树、晋卿岛和鸭公岛及羚羊礁的绿色固沙植物黄槿、羚羊礁的绿色固沙植物大叶榄仁和晋卿岛的耐盐蔬菜茄子上严重发生与为害，新菠萝灰粉蚧在甘泉岛的剑麻上严重发生与为害，且均为永乐群岛岛礁植物虫害发生情况首次报道。

根据我国农林有害生物的危险性综合评价标准和"PRA评估模型"[11-12]，发现检疫性危险外来入侵物种扶桑绵粉蚧、新菠萝灰粉蚧的R值分别为2.21和2.23，在永乐群岛均属于高度危险有害生物，对永乐群岛的岛礁植物和生态环境潜在危险非常大，如不严格监控，极易造成生物安全、生态环境安全和岛礁农产品安全有效供给等严重问题。

3 讨论

3.1 永乐群岛岛礁植物害虫（螨）发生为害严重，生态环境安全面临严峻挑战

通过普查，在永乐群岛5岛屿97种野生盐生植物、绿色固沙植物、耐盐果蔬上共查获害虫（螨）84种，其中晋卿岛38种植物上共发现26种害虫（螨）发生为害；甘泉岛30种植物上共发现20种害虫（螨）发生为害；银屿16种植物上共发现14种害虫（螨）发生为害；鸭公岛5种植物上共发现12种害虫（螨）发生为害；羚羊礁10种植物上共发现12种害虫（螨）发生为害。上述结果均为永乐群岛5岛屿礁植物害虫（螨）首次发生情况首次报道，并首次发现扶桑绵粉蚧（*P. solenopsis*）、新菠萝灰粉蚧（*D. neobrevipes*）、美洲斑潜蝇（*L. sativae*）、拟三色星灯蛾（*U. lotrix*）、蔷薇三节叶蜂（*A. geei*）、榕蓟马（*G. ficorum*）、朱砂叶螨（*T. cinnabarinus*）等危险性害虫在5个岛屿32种植物上严重发生和为害。

许多研究指出，岛礁普遍具有面积较小、生态系统较封闭和生物多样性较低等特点，生态系统整体稳定性较差，一旦开发利用不当，极易造成生态系统失衡，导致资源枯竭、环境恶化、物种减少和公共利益受损等问题，严重制约海岛经济的可持续发展[13-17]。因此，上述危险性害虫（螨）对永乐群岛的岛礁植物和生态环境潜在危险非常大，如不严格监控，极易造成生物安全、生态环境安全和岛礁农产品安全有效供给等严重问题。

3.2　永乐群岛岛礁植物虫（螨）害监控与风险管理迫在眉睫

尽管永乐群岛5岛屿植物正遭受上述害虫（螨）的为害和潜在威胁，但由于我国的海岛环境质量调查及评价工作起步较晚，永乐群岛自然环境保护及岛礁植物虫害发生与为害状况迄今为止尚未见报道，相关研究与防治水平十分滞后，甚至是空白，难以为永乐群岛岛礁植物害虫（螨）监测、预警和控制提供系统、全面的基础依据，无法应对永乐群岛资源开发及旅游业产业健康发展。因此，随着三沙市西沙群岛旅游业的快速发展，如何有效监控永乐群岛外来有害生物的入侵、定殖扩散与暴发成灾，成为西沙群岛生态环境保护和持续健康开发建设中亟待解决的重要问题。因此，为适应三沙市海岛资源开发及旅游业产业发展需求，有必要及时出台"黑白名单"制度，禁止"黑名单"生物入境[18]，长期开展永乐群岛岛礁植物害虫（螨）的定点监测与风险评估，深入阐明重要危险性入侵害虫（螨）的表型可塑性与生态适应性进化机制、害虫（螨）与脆弱的岛礁生态系统互作机制，实时掌握害虫（螨）发生为害动态及成灾规律，针对性地研发适于永乐群岛岛礁环境的害虫（螨）全程绿色防控关键技术，并进行其组装集成熟化与示范推广。这对可持续防控永乐群岛岛礁植物虫害的发生为害和保护生态环境，保障当地宜居环境和岛礁作物安全生产均具有十分重要的理论与实际意义。

参考文献

［1］　顾世显.试论海岛的持续性生态系统建设[J].海洋环境科学，1997（4）：70-76.
［2］　张耀光.中国海岛开发与保护：地理学视角[M].北京：海洋出版社，2012：42-43.
［3］　林家驹，薛雄志，孔昊，等.我国无居民海岛开发利用现状研究[J].海洋开发与管理，2019，36（1）：9-13.
［4］　李嵩誉.生态保护优先观再思考——以无居民海岛生态保护为视角[J].郑州大学学报（哲学社会科学版），2015，48（3）：47-51.
［5］　马志华.全国海岛资源综合调查取得丰硕成果[J].海洋信息，1996（6）：26.

［6］　杨文鹤.中国海岛[M].北京：海洋出版社，2000：21-23.

［7］　黄清臻.永兴岛有害生物的监控[J].中华卫生杀虫药械，2017，23（3）：283-285.

［8］　陈青.木薯外来入侵害虫普查及其安全性考察技术方案[M].北京：中国农业出版社，2011：32-33.

［9］　张从.外来物种入侵与生物安全性评价[J].环境保护，2003（6）：29-30，50.

［10］郭晓华，齐淑艳，周兴文，等.外来有害生物风险评估方法研究进展[J].生态学杂志，2007，26（9）：1486-1490.

［11］梁晓，伍春玲，卢辉，等.海南入境台湾果蔬危险性有害生物普查及其安全性评估[J].热带农业科学，2017，37（4）：52-56，62.

［12］雷仲仁，朱灿健，张长青.重大外来入侵害虫三叶斑潜蝇在中国的风险性分析[J].植物保护，2007（1）：37-41.

［13］张鹏，丘萍.海岛旅游地生态安全评价及影响因子——基于浙江和福建的案例[J].浙江海洋大学学报（人文科学版），2019，36（1）：30-39.

［14］孙会荟，高升，曹广喜.快速开发背景下海岛的生态安全评价——以平潭岛为例[J].应用海洋学学报，2018，37（4）：560-567.

［15］李荔，马永驰.海岛生态脆弱性研究综述与展望[J].海洋开发与管理，2018，35（10）：60-67.

［16］张志卫，刘志军，刘建辉.我国海洋生态保护修复的关键问题和攻坚方向[J].海洋开发与管理，2018，35（10）：26-30.

［17］张凯.海岛旅游生态安全管理对策研究[J].度假旅游，2018（10）：160-162.

［18］赵文毓.北京确定28种高危林业有害生物[J].农药市场信息，2005（6）：32.

本文原载　热带作物学报，2020，41（1）：148-156